MINISTÈRE DU COMMERCE ET DE L'INDUSTRIE

COMITÉ INTERMINISTÉRIEL
des Plantes Médicinales et des Plantes à Essences

OFFICE NATIONAL
des Matières Premières végétales pour la Droguerie et la Parfumerie

12, Avenue du Maine, PARIS (XVe)

NOTICE N° 21

Novembre 1925.

CULTURE
DE LA
RHUBARBE FRANÇAISE

PAR

CL. ABRIAL

SECRÉTAIRE DU COMITÉ RÉGIONAL LYONNAIS
DES PLANTES MÉDICINALES,
CONSERVATEUR DES COLLECTIONS DE MATIÈRE MÉDICALE
A LA FACULTÉ DE MÉDECINE DE LYON.

Prix : 3 francs.

LONS-LE-SAUNIER
Imprimerie L. DECLUME
1925

MINISTÈRE DU COMMERCE ET DE L'INDUSTRIE

OFFICE NATIONAL

DES

Matières Premières végétales pour la Droguerie, la Pharmacie, la Distillerie et la Parfumerie

12, Avenue du Maine, PARIS-XVe

(Fondé en 1919. — Organe d'exécution du Comité Interministériel des Plantes médicinales et à Essences).

Président d'Honneur.. M. CLÉMENTEL, Sénateur, ancien Ministre des Finances.

DIRECTION :

Directeur............ M. le Professeur Em. PERROT.

Secrétaire général... M. BLAQUE (G), Docteur en Pharmacie, Licencié ès-sciences.

CONSEIL D'ADMINISTRATION :

Président............ M. DARRASSE (Léon).

Vice-Présidents...... MM. BIENAIMÉ, BUCHET, DE POUMEYROL.

Secrétaire........... M. ELBEL.

Trésorier............ M. PELLIOT.

Membres : MM. AMIC, BAILLY, BAUBE, BOINOT, BOULANGER, CHARABOT, CHEVALIER, DECHAUD, FAURE, GUIGUE, LEPRINCE, PREVET, REGNAULT, DE RICQLÈS, RIPERT, ROCHÉ, ROQUES, SALMON, SANSON, SOSSLER.

Liste des Souscripteurs à l'Office des Matières Premières
pour la période 1924-1929

A. — MEMBRES FONDATEURS.

SOUSCRIPTION ANNUELLE DE 1.000 A 5.000 FRANCS.

Astier, 45, rue du Docteur-Blanche, Paris.
A. Bailly, 15, rue de Rome, Paris.
Beytout et Cisterne, 12, boulevard Saint-Martin, Paris.
Bienaimé [Maison Houbigant], 19, rue du Faubourg-Saint-Honoré, Paris.
Bing fils, 43, rue de Paradis, Paris.
Boulanger-Dausse, 4, rue Aubriot, Paris.
Briens, 11, rue Président-Carnot, Lyon.
C. Buchet et Cie, 21, rue des Nonnains-d'Hyères, Paris.
A. Buisson, 157, rue de Sèvres, Paris.
Etablissements Byla, 26, avenue de l'Observatoire, Paris.
Société Cadum, 5, boulevard de la Mission-Marchand, Courbevoie.
H. Canonne, 49, rue Réaumur, Paris.
A. Caubet et fils, 9, rue Junot, Marseille.
Chambre syndicale des Produits pharmaceutiques, 24, rue d'Aumale, Paris.
Charabot et Cie, à Grasse.
Etablissements Chatelain, 107, boulevard de la Mission-Marchand, Courbevoie.
Etablissements Chiris, 51, avenue Victor-Emmanuel-III, Paris.
Comar et Cie, 20, rue des Fossés-Saint-Jacques, Paris.
Compagnie Fermière de Vichy, 24, boulevard des Capucines, Paris.
Compagnie générale d'Outre Mer, 83, rue de la Victoire, Paris.
Coopération pharmaceutique française, 66, rue Dajot, Melun.
Dardanne, 12, rue de la Tour-des-Dames, Paris.
Etablissements Darrasse frères, 13, rue Pavée, Paris.
C. David Rabot, 48, rue de Bitche, Courbevoie.
Dechaud, 2, cité Bergère, Paris.
Etablissements P.-J. Delannoy, 44, rue Vieille-du-Temple, Paris.
Dumontier et Cousin, à La Membrolle-sur-Choisille (Indre-et-Loire).
Etablissements Esmenard, 11, rue Ferdinand-Duval, Paris.
Famel, 20, rue des Orteaux, Paris.
Fourton et Patriarche, 38, rue Neuve, Clermont-Ferrand.
Freyssinge, 6, rue Abel, Paris.
Dr Fumouze, 78, boulevard Saint-Denis, Paris.
Etablissements Garbit, 150, rue Saint-Pierre, Marseille.
Grémy, 14, rue de Clichy, Paris.
Heudebert et Cie, 85, rue Saint-Germain, Nanterre (Seine).
Hoffmann, Laroche et Cie, 21, place des Vosges, Paris.
Institut des Recherches agronomiques, 42 *bis*, rue de Bourgogne, Paris.
Jaume et Cie, 13, quai de l'Ile-Gloriette, Nantes.
Jourdan frères, 40, rue Tronchet, Lyon.
Laboratoire Nogués, 11, rue Joseph-Bara, Paris.
Laboratoire Robin (R. Gauvin), 13, rue de Poissy, Paris.
Lautier fils, à Grasse (Alpes-Maritimes).
Leprince, 62, rue de la Tour, Paris.
Etablissements H. Pelliot, 24, place des Vosges, Paris.
Pluchon, 36, rue Claude-Lorrain, Paris.
Pointet et Girard, 30, rue des Francs-Bourgeois, Paris.
Etablissements Poulenc frères, 86, rue Vieille-du-Temple, Paris.
Etablissements De Poumeyrol, 157, Grande-Rue Saint-Clair, Lyon.
Prevet, 48, rue des Petites-Ecuries, Paris.
G. Prunier et Cie [Maison Chassaing], 6, rue de la Tacherie, Paris.
H. Regnault, 38 *bis*, avenue de la République, Paris.
Richelet, 6, rue de Belfort, Bayonne.
De Ricqlès, 101, boulevard Victor-Hugo, Saint-Ouen (Seine).

H. Rogier, 19, Avenue de Villiers, Paris.
F. Roques, 36, rue Sainte-Croix-de-la-Bretonnerie. Paris.
Roure-Bertrand, à Grasse.
Etablissements H. Salle [Laurent, Guigue et Cie. successeurs]. 4, rue Elzévir, Paris.
Salmon, 66, rue Dajot, Melun.
A. Sicre, 216, rue de Vanves, Paris.
Etablissements Silbert et Ripert, 30, rue Bénédil, Marseille.
Société du traitement des quinquinas, 13, rue Malher, Paris.
Société générale de la Droguerie française, 7, rue Jules-César, Paris.
Etablissements Sossler et Dorat, 35, rue des Blancs-Manteaux, Paris.
Syndicat de la Droguerie et des Commerces annexes, 12, rue Cannebière, Marseille.
Syndicat de la Parfumerie française, 348, rue Saint-Honoré, Paris.
Syndicat des Pharmacies commerciales, 17, rue de Madrid, Paris
A. Taillandier, 1, route de Sannois, Argenteuil (Seine-et-Oise).
Thiriet et Cie, 28, rue des Ponts, à Nancy.
Union des Industries chimiques, 4, rue de Rome, Paris.
E. Vaillant et Cie, 19, rue Jacob, Paris.
Vernin, 1, rue Dajot, Melun.

B. — MEMBRES ADHÉRENTS.

COTISATION AU-DESSOUS DE 1.000 FRANCS (MINIMA : 250 FRANCS).

Adrian et Cie, 9, rue de la Perle, Paris.
Association amicale des Etudiants en pharmacie, 85, boulevard Saint-Michel, Paris.
Association générale des Herboristes de France, 26, rue des Francs-Bourgeois, Paris.
Association générale des Syndicats pharmaceutiques de France, 13, rue Ballu, Paris.
E. Baube, 19, rue Sainte-Croix-de-la-Bretonnerie, Paris.
Berthe, 71, rue Saint-Antoine, Paris.
Bossot, 18, rue Paul-Chenavard, Lyon.
Laboratoire Bottu, 35, rue Pergolèse, Paris.
Brocadet, 89, rue du Commerce, Paris.
Carron, 40, rue Milton, Paris.
Carteret, 15, rue d'Argenteuil, Paris.
Cecille, carrefour Rameau, Angers.
Chambre syndicale des Pharmaciens de Lyon et du Rhône, 7 rue Fromagerie, Lyon.
Chambre syndicale des Pharmaciens de la Seine, 5, rue des Grands-Augustins, Paris.
A. Cherblanc fils [Laboratoire Saint-Laurent], à Sainte-Foy-l'Argentière (Rhône).
Cointreau, 63, rue Lafontaine, Angers.
Collemarre, 14, rue Parrot, Paris.
Commissariat de la République du Cameroun (A. E. F.).
Condou, Lefort et Cie [Laboratoire Trouette-Perret], 15, rue des Immeubles industriels, Paris.
Cusenier, 226, boulevard Voltaire, Paris.
Delamare, ses Fils et Cie, à Romilly-sur-Andelle (Eure).
Delpech (Henri) [Produits Catillon], 3, Boulevard Saint-Martin, Paris.
Droguerie centrale du Sud-Ouest [Maison Thomas et Trenty], à Agen (Lot-et-Garonne).
Dumesnil, 10, rue du Plâtre, Paris.
Durban, 35, rue des Francs-Bourgeois, Paris.
Ch. Durel, Jay et Naacke, 12, boulevard Lachèze, Montbrison (Loire).
Fabriques de Laire, 123, Quai d'Issy, Issy-les-Molineaux (Seine).
Fabrique de Produits chimiques « Billault », 22, rue de la Sorbonne, Paris.
Fédération des Syndicats pharmaceutiques de Normandie, 13, rue de Fécamp, Le Hâvre.

Voir suite à la fin du mémoire.

MINISTÈRE DU COMMERCE ET DE L'INDUSTRIE

COMITÉ INTERMINISTÉRIEL
des Plantes Médicinales et des Plantes à Essences

OFFICE NATIONAL
des Matières Premières végétales pour la Droguerie et la Parfumerie

12, Avenue du Maine, PARIS (XVe)

NOTICE N° 21

Novembre 1925.

CULTURE
DE LA
RHUBARBE FRANÇAISE

PAR

Cl. ABRIAL

SECRÉTAIRE DU COMITÉ RÉGIONAL LYONNAIS
DES PLANTES MÉDICINALES,
CONSERVATEUR DES COLLECTIONS DE MATIÈRE MÉDICALE
A LA FACULTÉ DE MÉDECINE DE LYON.

Prix : 3 francs.

LONS-LE-SAUNIER
Imprimerie L. DECLUME
1925

CULTURE DE LA RHUBARBE FRANÇAISE

Le Rhapontic appelé Rhubarbe française, Rhubarbe anglaise, Rhubarbe indigène, Rhubarbe pontique, paraît être fourni par les espèces suivantes : *Rheum Rhaponticum* L., *Rheum undulatum* L., *Rheum hybridum hort.*

Le nom de Rhubarbe est donné à un certain nombre de plantes à propriétés plus ou moins purgatives, dont la plupart appartiennent à la famille des Polygonacées et surtout au genre *Rheum*.

Les Rhubarbes du commerce connues sous plusieurs noms, d'après leur origine, sont divisées en deux grandes catégories, d'après la portion de la plante utilisée.

I. **Rhubarbes de Chine.** — La Rhubarbe de Chine est fournie par le rhizome épais, court, fortement tubérisé du *Rheum palmatum*, du *Rheum palmatum* var. *tanguticum*, du *Rheum officinale* et vraisemblablement de quelques autres espèces, car on n'est pas très fixé sur l'origine exacte des différentes sortes de Rhubarbe de Chine.

II. **Rhubarbes indigènes ou anglaises**. — La Rhubarbe indigène ou anglaise est fournie, non pas par le rhizome, mais par la racine du *Rheum Rhaponticum*, du *Rheum undulatum*, du *Rheum hybridum* et certainement d'autres espèces.

M. le Professeur Baillon, qui a étudié le premier le *Rheum officinale* n'a pas trouvé de différences morphologiques internes entre la racine de cette espèce et celle du *Rheum Rhaponticum*.

D'autres plantes, désignées quelquefois sous le nom de rhubarbes, n'appartiennent pas au genra *Rheum*. Ce sont :

1° *Begonia obliqua* L., Rhubarbe sauvage ;

2° *Rhamnus Frangula* L., Rhubarbe des paysans ;

3° *Rumex alpinus* L., Rhubarbe des Alpes, Rhubarbe des montagnes, Rhubarbe des moines ;

4° *Thalictrum flavum* L., Rhubarbe fausse, Rhubarbe des paysans, Rhubarbe des pauvres ;

5° *Silphium terebenthenaceum* L., Rhubarbe de la Louisiane.

6° *Ipomœa pandurata* Meyer. Rhubarbe sauvage.

Les Rhubarbes, comme les autres plantes cultivées, ont subi dans les cultures de très grandes transformations dans leur forme linnéenne, elles se sont hybridées entre elles, lesquels hybrides se sont fécondés entre eux, ce qui a donné une multitude de formes se rapprochant ou s'écartant plus ou moins des parents.

Nous avons recherché, M. le Professeur Beauvisage et moi, il y a quelques années, la différence qu'il y avait entre le *Rheum Rhaponticum* et le *Rheum undulatum*, sur les nombreuses touffes de ces deux espèces que nous possédions au jardin botanique de la Faculté de Médecine, venant de différents jardins botaniques français et étrangers. Notre étude est restée sans résultat car nous n'avons pas pu identifier ces deux espèces d'une façon certaine.

Actuellement je conclue de cette étude que nous avons étudié, non pas des espèces sauvages, mais des individus provenant de graines, dont les parents étaient cultivés dans les jardins depuis de nombreuses années et issus de formes ou d'hybrides anciens ou récents.

Le Rhapontic cultivé, serait à mon avis, non pas le *Rheum Rhaponticum*, mais une forme ou plutôt un hybride, entre le *Rheum Rhaponticum* et le *Rheum undulatum*.

Les auteurs ne sont point d'accord sur l'identité des espèces fournissant la Rhubarbe indigène.

Mérat et de Lens. — « La Rhubarbe indigène ou de pays s'obtient des espèces du genre *Rheum* cultivées depuis Duhamel en « France et dans divers lieux de l'Europe. Cette sorte est obtenue « par la racine du *Rheum undulatum*. Dans l'Isère et le Mor- « bihan, on cultive cette dernière espèce pour l'obtention de la « Rhubarbe indigène.

Nicholson, *Dict. d'Hort.* — « Le *Rheum Rhaponticum*, connu « généralement sous le nom de Rhubarbe anglaise est originaire « du Sud de la Sibérie; il était cultivé à Padoue au commencement « du XVIIe siècle, d'où il passa en France et en Angleterre en « 1628. On le cultive beaucoup à Bodicott pour l'usage médicinal.

Brehm, le *Monde des plantes*. — « Le *Rheum Rhaponticum* L. est l'espèce la plus connue des Rhubarbes indigènes. « Certaines de ses formes sont potagères et cultivées en abondance « comme celles du *Rheum undulatum*, notamment en Angleterre « et en Suisse.

« On croit que cette espèce est originaire des Monts subalpins « de la Sibérie Altaïque et Baïkalique et de la Daourie.

« On la cultive non seulement dans nos jardins comme plante

« comestible, mais encore comme médicinale dans certaines loca-
« lités de France : à Clamart, dans la Drôme, aux environs de
« Valence, dans les terres d'alluvions de l'Isère, pour la produc-
« tion de la Rhubarbe de France du commerce.

Guibourt. — Le *Rheum Rhaponticum* ne s'est répandu en Eu-
« rope que postérieurement à l'année 1610, époque à laquelle
« Alpinus en fit venir de Thrace ». Le *Rheum hybridum* est une
« espèce originaire de Mongolie ; elle est cultivée dans un grand
« nombre de jardins potagers pour ses feuilles utilisées comme
« épinard, ainsi que ses inflorescences que l'on consomme en
« guise de Chou-fleur. Mais le principal usage consiste surtout
« dans l'emploi des pétioles, succulents, dont on fait en Angletérre
« et en Suisse d'excellentes confitures.

« Cette espèce a donné de nombreuses variétés dont les meil-
« leurs sont : Rouge hâtive de Tobolak, Mitchell's, Royal Albert,
« Monarque, etc.

Vilmorin. — *Les plantes potagères*. — Les botanistes rappor-
« tent ordinairement les formes cultivées de la Rhubarbe au
« *Rheum hybridum* Ait., plante originaire de la Mongolie. Il
« n'est pas certain que, dans ces formes qui sont loin de présenter
« des caractères fixes, il ne s'en trouve pas quelques-unes qui
« descendent, soit directement, soit par croisement, du *Rheum*
« *undulatum* de l'Amérique du Nord, ou même d'autres espèces.

Jacques et Herinck. - *Manuel des plantes*. — D'après Murray,
« le *Rheum hybridum* Ait. serait un hybride provenant du croise-
« ment entre le *Rheum Rhaponticum* et le *Rheum palmatum* ».

Comme on le voit, les variétés de certaines espèces de Rheum sont nombreuses, il en est de même des hybrides qui se produisent avec une très grande facilité lorsque les espèces sont cultivées côte à côte. On peut dire qu'il est impossible, actuellement, de rapporter telle ou telle forme à telle ou telle espèce linnéenne, ou même, si c'est un hybride, aux parents.

Nous supposons, avec raison, d'après nos observations personnelles, que le produit que nous désignons sous le nom de Rhapontic est fourni par le *Rheum Rhaponticum*, le *Rheum undulatum*, le *Rheum hybridum* et certainement aussi par des hybrides appartenant aux deux espèces ci-dessus.

Rheum Rhaponticum L.

Rhapontic, Rhubarbe indigène, Rhubarbe anglaise, Rhubarbe pontique, Rhubarbe de France.

Habitat. — Cette espèce est originaire des Monts subalpins de la Sibérie Altaïque et Baïkalique et de la Daourie ; elle est cultivée, ainsi que ses formes, dans un bon nombre de jardins pour les pétioles de ses feuilles utilisés pour faire des confitures. Le *Rheum Rhaponticum* fait aussi l'objet de cultures industrielles pour la production de sa racine nommée Rhubarbe indigène, de France ou anglaise.

En France, elle est produite, dans la Drôme, aux environs de Valence, dans les vallées de l'Isère, à St-Donat, et en particulier à Châteauneuf d'Isère, centre le plus important de cette culture.

Culture du Rhapontic.

I. **Choix du sol**. — Le Rhapontic demande, pour prospérer, une terre légère, douce, perméable, substantielle, profonde et fraîche.

A Châteauneuf d'Isère, nous avons vu des cultures de Rhapontic dans deux sortes de terrains très différents au point de vue chimique, mais de même qualité physique.

Le premier est constitué par une terre rouge très meuble et ne contenant pas de carbonate de chaux ; la meilleure preuve, c'est que les châtaigniers y sont de toute beauté. Ce terrain a l'avantage de produire des racines plus rouges et d'un aspect plus marchand que dans les terrains d'alluvions de l'Isère.

Le deuxième terrain, placé dans les alluvions de l'Isère, était de couleur grisâtre contenant une certaine quantité de calcaire. Ce terrain produit des racines beaucoup plus jaunes et d'une valeur marchande moins appréciée.

Dans ces deux sortes de terrain, les plants y sont vigoureux et donnent tous les deux ans une récolte très abondante de bonnes et grosses racines.

PLANCHE I. — Plantation d'un an de Rhubarbe indigène, à Châteauneuf d'Isère.

PLANCHE II. — Plantation de deux ans de Rhubarbe indigène, à Châteauneuf d'Isère.

Comme on le voit, la culture du Rhapontic peut se faire aussi bien dans les terrains calcaires que dans les terrains siliceux, *à condition que ces sols soient meubles, perméables, profonds et frais.*

Cette culture peut se faire avec succès dans toute la vallée du Rhône et de la Saône en recherchant les terrains fertiles et meubles.

II. **Préparation du sol.** — Le terrain destiné à une plantation de Rhapontic doit être défoncé assez profondément, 0 m. 40 à 0 m. 50 de profondeur, pour permettre aux couches inférieures remuées d'emmagasiner de l'eau lorsqu'il pleut, et de la redonner pendant les journées chaudes aux couches supérieures au fur et à mesure des besoins, pour en faire profiter les sujets de la plantation.

III. **Défonçage.** – Le défonçage doit être fait au mois de septembre, ou même tout de suite après la récolte d'une céréale : blé, orge, avoine, etc., afin que l'on puisse, par d'autres labours, débarrasser, avant la plantation du printemps, le terrain des mauvaises herbes. On profite des labours de printemps pour enfouir les engrais.

Engrais. — Le Rhapontic est avide d'engrais et si l'on veut obtenir une forte récolte, il est nécessaire de donner une fumure très importante. Il faut environ 30.000 kilos de fumier de ferme, 300 kilos de phosphate de chaux par hectare.

Le fumier doit être de bonne qualité, le meilleur serait celui de bergerie, bien fait. Le fumier doit être enfoui dans le sol dès l'automne ou, au plus tard, au printemps, car le fumier enfoui au moment même de la plantation a l'inconvénient de faire ramifier démesurément les racines.

Le chlorure de potassium et le phosphate de chaux sont répandus à la surface du sol après le dernier labour, et enfouis ensuite par un bon hersage.

IV. **Plantation.** – Après le dernier labour fait en février-mars, on fait la plantation. Cependant, nous devons ajouter qu'il ne faut pas la faire trop tôt, ni trop tard, souvent dans les plantations faites trop tôt les éclats sont sujets à la pourriture ; faite trop tardivement, les œilletons n'ont pas suffisamment le temps d'émettre des racines avant les grandes chaleurs, ce qui nuit considérablement à la plantation, et parfois même la reprise est très médiocre.

Multiplication.— La Rhubarbe se propage de divisions de touffes et de semis.

Le semis a lieu au printemps en planche ou en rayons dans un terrain meuble, très perméable, substantiel et frais. La germination est assez prompte et le plant peut être mis en place dès le printemps suivant. On pourrait même repiquer le plant en place la même année du semis, si ce dernier était fait de bonne heure au printemps sur une couche sous chassis. Sur couche sous chassis, on fait le semis vers le 15 février ; comme la graine germe rapidement, au bout de 4 à 8 jours les jeunes plantules sortent de terre et un mois et demi à deux mois plus tard le plant pourra être mis en place. Il sera bon d'habituer à l'air les jeunes semis faits sur couche ; pour cela, aussitôt que le temps le permet, on donne de l'air en soulevant le châssis avec de petits pots, ou des tiges à cran fabriquées spécialement pour cet usage. Vers la fin mars, le chassis est enlevé et le semis se trouve en plein air, les plants durcissent et ils sont bons à mettre en place vers le 15 avril.

Le semis fait en pleine terre vers le 15 avril fournit des plants que l'on peut mettre en place au printemps suivant. Pour l'obtention de beaux sujets, il est bon de repiquer le plant en pépinière, en les espaçant les uns des autres de 0 m. 15. Le repiquage a un double avantage de fournir des sujets plus forts et aussi de permettre d'en faire le choix.

Le choix des plants a une très grande importance en culture industrielle, le semis donnant des sujets de vigueur très différente, les uns vigoureux, les autres moins et certains ne poussant pas. Tous les cultivateurs savent que si un plant de Rhubarbe boude à la plantation, c'est un sujet perdu, il ne poussera plus et mourra assez rapidement. Pour obtenir de beaux produits avec des plants de semis, avant de les planter on coupe la plus grande partie de la racine principale. Ce plant est réduit à une simple bouture, formée d'un reste de racine et de la tige courte qui la surmonte munie d'un énorme bourgeon.

Il est essentiel de couper la racine comme nous le disons plus haut ; cette opération a le gros avantage de faire développer, sur la blessure, un bourrelet cicatriciel, sur lequel se développera un certain nombre de racines de même grosseur, de bonne qualité, et d'un poids bien supérieur à celui du plant dont on n'a pas coupé la racine principale.

Division. — La division est une opération qui a pour but de multiplier la plante en autant de sujets qu'il y a de bourgeons.

Dans les cultures industrielles, c'est le seul mode de multiplication pour cette plante, et cela pour deux raisons : la première, c'est que les cultivateurs possèdent toujours la même forme ; la seconde, c'est qu'ils peuvent choisir sur chaque plante arrachée 5 à 10 œilletons de 1er choix pour la plantation de l'année suivante. En ayant fait un bon choix d'œilletons, les plantations sont très régulières, les plants sont de bonne venue et tous de la même force. Chaque sujet produit un système radiculaire fasciculé et fournit plusieurs grosses racines.

Mise en place des œilletons. — Le terrain préparé par plusieurs labours et amendé copieusement est tracé de lignes distantes les unes des autres de 0 m. 65 à 0 m. 70, et les plants sur les lignes sont plantés de 0 m. 50 à 0 m. 60 de distance entre eux. On peut, à la rigueur, planter plus espacé, mais le rendement n'est pas supérieur, les plants sont légèrement plus forts, mais le nombre de sujets à l'hectare est moindre.

Une plantation faite assez épaisse, comme nous le disons plus haut, a l'avantage, par le développement des feuilles, d'étouffer assez rapidement les mauvaises herbes, tandis qu'un écartement plus grand permet, aux mauvaises herbes de se développer plus facilement, ce qui entraîne un plus grand nombre de sarclages.

La mise en place des œilletons a lieu de préférence, si la température le permet, au mois de février-mars, quelquefois en avril : mais les plantations faites de bonne heure sont plus résistantes à la sécheresse qui est toujours possible au printemps, que celles faites en avril qui présentent souvent des manquants.

Les œilletons sont plantés au plantoir en ayant soin de bien les serrer au col et de les recouvrir de quelques centimètres de terre (5 à 6 cent.).

Conservation des œilletons pour la plantation. — Les œilletons, préparés et bien choisis, sont mis en stratification dans un silo. On fait une tranchée de 0 m. 30 à 0 m. 40 de profondeur, on place les boutures par couche de 8 à 10 cm. d'épaisseur que l'on recouvre de 0 m. 10 de terre, puis une nouvelle couche de boutures que l'on recouvre de terre comme les premières et ainsi de suite. On peut mettre ainsi 4 ou 5 couches de boutures les unes sur les autres.

Soins à donner aux plantations. — La première année on fait généralement deux binages et un troisième à l'automne. Pendant l'été, les feuilles sont suffisamment développées pour étouffer toutes les mauvaises herbes qui pourraient y pousser.

La seconde année, on fait deux sarclages au printemps et on passe la binette à main sur la ligne pour détruire les mauvaises herbes.

Le Rhapontic occupe deux ans le sol, l'arrachage a lieu à la fin de la seconde année et pendant une partie de l'hiver. Si l'on a besoin du terrain pour faire une autre récolte, on arrachera, en septembre-octobre, et l'on placera les souches dans une cave, tout comme cela se fait pour les pommes ou même en silos comme pour les betteraves.

Rendement à l'hectare. — Le rendement de la Rhubarbe est important : une bonne culture peut fournir 25 à 30 mille kilos à l'hectare de racines fraîches, ce qui produit environ 6 à 7.000 kilos de racines sèches.

Préparation des racines.— Les racines sont coupées en fragments au point de ramification pour éviter une trop grande perte. Laisser les racines de toute leur longueur pour pouvoir se servir utilement du couteau économique pour le pelage. Après le pelage, couper les racines en morceaux mesurant de 7 à 10 cent. de longueur. Les gros morceaux seront coupés en rondelles de 2 à 3 cent. d'épaisseur. Les petites racines qui sont trop petites pour être épluchées seront fendues longitudinalement pour les faire sécher.

Les épluchures sont de même conservées et séchées comme les bonnes racines.

Séchage. — Les racines pelées sont étendues en couches minces sur le plancher d'un hangar bien aéré, ou bien elles sont placées sur des claies superposées dans le hangar. La dessiccation est assez lente pendant la mauvaise saison, ce n'est guère qu'au printemps que l'on obtient le meilleur séchage.

Dans une grande exploitation de cette plante, on aurait avantage à posséder un séchoir à air chaud pour activer la dessiccation, car sur le plancher du hangar on peut avoir à redouter la moisissure du produit.

Nettoyage de la racine après la dessiccation. — Les racines sont souvent souillées pendant la dessiccation, il reste parfois un peu de terre si le raclage n'a pas été complet. Après la dessiccation les racines sont mises dans une espèce de tambour perforé du dehors en dedans, si bien que chaque trou présente des bavures comparables à ceux d'une rape. Le tambour est actionné par une manivelle qui le fait tourner, les racines mises à l'intérieur se brossent les unes contre les autres. Les poussières et la terre sortent par les trous du tambour et les racines sont sorties au fur et à mesure qu'elles sont débarrassées des corps étrangers.

Il y a, comme on le voit, quatre sortes commerciales de Rhapontic, qui sont :

1° Rondelles provenant de très grosses racines ;

2° Morceaux longs de 7 à 11 cent. provenant des racines moyennes ;

3° Racines petites et radicelles fendues en long.

4° Pelures provenant du pelage des racines fournissant les rondelles et les morceaux longs.

Comme l'on voit, toutes les racines de la plante sont utilisées pour la pharmacie et la droguerie, mais à des prix qui varient suivant la qualité et la beauté de la marchandise.

Frais d'épluchage. — On a payé, dans la région de Valence, pour l'épluchure, en 1924, 20 francs les 100 kilos de racines et 10 francs les 100 kilos pour les faire couper en morceaux, soit 30 francs par 100 kilos pour les faire préparer, prêtes à les faire porter au séchoir. Il s'ensuit que 400 kilos de plantes fraîches produisent environ 300 kilos de racines pelées et que ce poids correspond à 100 kilos de racines sèches. Il faut donc multiplier par 3 le chiffre de dépense, soit 30 × 3 = 90 fraues de frais de pelage pour 100 kilos de racines sèches.

En 1924 et en 1925, le prix du Rhapontic a été de 650 fr. les 100 kilos. Ce prix loin de baisser, a plutôt une tendance à monter, car ce produit manque de plus en plus sur le marché de la droguerie française. Le prix de ce produit ne s'avilira pas si les producteurs de cette drogue savent faire la balance entre la production et la consommation. Je veux dire qu'il ne faut pas que tous les cultivateurs fassent du Rhapontic, sans cela la surproduction viendrait avilir le marché de cette drogue, comme cela a lieu en ce moment pour la camomille romaine, qui, de 30 fr. le kilo l'année dernière, est descendue cette année à 3 fr. 50 le kilo.

Rendement à l'hectare. — Nous avons dit plus haut qu'un hectare de cette plante pouvait fournir environ 7.000 kilos de Rhubarbe indigène sèche, à 650 fr. les 100 kilos soit 7.000 × 6 50 =

45.500 francs. De cette somme, il y aura lieu de déduire les frais de culture (labours, binages, fumier, engrais chimique, raclage et séchage). Aucune récolte ne peut donner un tel rendement, mais elle demande une très grande main-d'œuvre ; celle-ci peut être facilement trouvée car elle est exigée seulement au moment du raclage, lequel se trouve pendant la mauvaise saison où les travaux de la ferme ne sont pas très abondants.

MEMBRES ADHÉRENTS A L'OFFICE DES MATIÈRES PREMIÈRES (*Suite*).

Fédération Nationale des Herboristes de France et des Colonies, 28, rue Grenela, Paris.
R. Feignoux, 29, rue des Jardiniers, Montreuil (Seine).
Fermé, 55, boulevard de Strasbourg, Paris.
H. Ferré et Cie, 6, rue Dombasle, Paris.
Fougerat, 44, rue Chaptal, Levallois-Perret.
Fournier et Cie, 18, rue de Jouvence, Dijon.
Gignoux frères et Barbezat, à Décines, près Lyon (Isère).
Gouvernement général de l'A. E F.
Etablissements Goy, 23, rue Beautreillis, Paris.
Guerlain, 68, avenue des Champs-Elysées, Paris.
Hourquet, 1, place Voltaire, Paris.
Etablissements Jacquemaire, à Villefranche (Rhône).
Etablissements Justin Dupont, à Argenteuil (Seine-et-Oise).
H.-G. Klotz, 18, place Vendôme, Paris.
Laboratoire Galbrun, 8, rue du Petit-Muse, Paris.
Laboratoire biologique de Melun, à Dammarie-les-Lys, près Melun (Seine-et-Marne).
Laboratoire du Dr Gustin, 74, rue Championnet, Paris.
Laboratoire A. Lumière' 9, cours de la Liberté, Lyon.
Lafon, 150, boulevard de la Gare, Casablanca (Maroc).
Landrin, 20, rue de la Rochefoucauld, Paris.
Lauriat, 104, boulevard de Courcelles, Paris.
Leconte et Wollacker, 3, rue du Lycée, Le Hâvre.
Legoux frères et Cie, 10, rue de Turenne, Paris.
Lematte, 5, rue Ballu, Paris.
Lemée, 62, rue de la Réunion, Paris.
P. Longuet, 34, rue de Sedaine, Paris.
Mariani, 12, rue de Chartres, à Neuilly (Seine).
Etablissements Marie-Brizard et Roger, à Bordeaux (Gironde).
Mathurin, 98, rue de Charenton, Paris.
J. Merveau et Cie, 71, rue du Temple, Paris.
Michelat, Souillard et Cie, 41, rue des Francs-Bourgeois, Paris.
Midy frères, 4, rue du Colonel-Moll, Paris.
Morin, 10, rue des Fontaines, à Milly (Seine-et-Oise).
Petit, 8, rue Favart, Paris.
A. Planche, 2, rue de l'Arrivée, Paris.
Poirson, 13, place du Hâvre, Paris.
Poizat fils et Cie, 24-30, rue de la Gare, Lyon-Vaise.
A. Puy, rue Saint-Claire, Grenoble.
Quirin, 12, rue Féry, Reims.
Rayssac, 12, rue Périgord, Toulouse (Haute-Garonne).
Simon, 59, faubourg Saint-Martin, Paris.
Société d'Herboristerie des Etablissements Blain « Herba », à Saint-Rémy de Provence (Bouches-du-Rhône).
Société coopérative « La Flore », 7 et 9, Impasse des Marais, Paris.
Société française des glycérines, 42 *bis*, rue des Mathurins, Paris.
Société « L'air liquide », 115, Chemin des Pins, Lyon.
Société de la Liqueur Bénédictine, à Fécamp (Seine-Inférieure).
Société lyonnaise de Produits pharmaceutiques, 91, rue Mariellon, Lyon-Vaise.
Société Méridionale de Produits chimiques agricoles 20, rue Grignan, Marseille.
Syndicat des parfumeurs distillateurs de Grasse, à Grasse.
Syndicat général des cuirs et peaux, 64, rue de Bondy, Paris.
Syndicat des pharmaciens d'Asnières et de la banlieue ouest, 15, boulevard Voltaire, Asnières (Seine).
Syndicat des Pharmaciens du Nord, 2, rue de Paris, Douai (Nord).
P. Thibaud et Cie, 22, rue de Marignan, Paris.
Thiercelin et Violet, à Pithiviers-en-Gâtinais (Loiret).
Usines chimiques du Pecq, 11, rue Beautreillis, Paris.
Villeneuve, 11, rue des Blancs-Manteaux, Paris.
Vilmorin-Andrieux et Cie, 4, quai de la Mégisserie, Paris.
Weil, 11, rue Saint-Dominique, Paris.
Zundel et Kohler, 21, rue Mercière, Mulhouse.

Voir début à la 1re page.

COMITÉ INTERMINISTÉRIEL DES PLANTES MÉDICINALES

constitué auprès du Ministère du Commerce par décrets des 3 et 20 Avril 1918 et 27 juin 1924.

Membres d'honneur.

MM.

GUIGNARD, membre de l'Institut, doyen honoraire de la Faculté de pharmacie de Paris.

COSTANTIN, membre de l'Institut, professeur au Muséum d'histoire naturelle.

TISSERAND, membre de l'Institut, directeur honoraire au Ministère de l'Agriculture.

PASCALIS, président honoraire de la Chambre de Commerce de Paris.

DUCHEMIN, président de l'Union des industries chimiques.

Président.

M. PERROT (Em.), Professeur à la Faculté de Pharmacie de Paris.

Vice-Présidents.

MM.

BERTRAND, Gabriel, professeur à la Faculté des Sciences, chef de Service à l'Institut Pasteur.

DARRASSE (Léon), président honoraire du Syndicat général de la droguerie française.

CAPUS, ancien directeur de l'Agriculture en Indo-Chine, conseiller technique de l'Agence générale des colonies.

Secrétaire général.

M. ELBEL, sous-Directeur au Ministère du Commerce.

Secrétaire général adjoint.

M. G. BLAQUE, Secrétaire général de l'Office national des Matières premières.

Membres.

MM.

Le Directeur des Affaires commerciales et industrielles au Ministère du commerce.

Le Directeur de l'Agriculture au Ministère de l'agriculture.

Le Directeur général des Eaux et Forêts au Ministère de l'agriculture.

Le Directeur des Services scientifiques et de la Répression des fraudes au Ministère de l'agriculture.

Le Directeur des Affaires économiques au Ministère des colonies.

Le Directeur de l'Enseignement primaire au Ministère de l'instruction publique.

Le Directeur de l'Institut Pasteur.

Le Doyen de la Faculté de pharmacie de Paris.

Le Professeur de Matière médicale et de Pharmacologie de la Faculté de médecine de Paris.

Le Pharmacien inspecteur de l'Armée au Ministère de la guerre.

Le Pharmacien principal des troupes coloniales au Ministère des colonies.

ACHALME, Directeur du Laboratoire colonial au Muséum d'histoire naturelle.

ALLAND, Droguiste, Importateur à Paris.

AMIC, Sénateur, fabricant d'huiles essentielles à Grasse.

BAUBE, Président du Syndicat des Huiles essentielles.

BIENAIMÉ, président du Syndicat de la parfumerie française.

BOIS, Professeur au Muséum d'histoire naturelle.

MM.

BOULANGER (Emile), Fabricant de produits chimiques, cultivateur de Plantes médicinales.

BUCHET, Directeur de la Pharmacie centrale de France.

CARON, Secrétaire général de la Société nationale des Conférences populaires.

CHARABOT, Inspecteur de l'Enseignement technique, Fabricant d'huiles essentielles, à Grasse.

CHARLES, Droguiste, à Nantes.

CHARRIÈRE, Ingénieur agronome, Ingénieur des chemins de fer de l'Etat.

CHEVALIER (Auguste), Chef de la Mission permanente d'Agriculture Coloniale au Ministère des Colonies.

CHEVALIER (J.), Ancien Chef du Laboratoire à la Faculté de médecine de Paris.

DAVID-RABOT, Fabricant de Produits pharmaceutiques, à Courbevoie (Seine).

FABIUS DE CHAMPVILLE, Directeur du journal l'*Herboristerie française.*

FAUCHÈRE, ancien Directeur d'agriculture aux colonies.

FAYOLLE, Directeur du Laboratoire central d'études et d'analyses des produits médicamenteux et hygiéniques, Faculté de pharmacie, Paris.

FERMÉ, Droguiste importateur, à Paris.

FOURTON, Pharmacien droguiste, à Clermont-Ferrand.

FRON, Professeur à l'Institut national agronomique.

GUIGUE, Droguiste, à Paris.

JAVILLIER, Directeur du Laboratoire des recherches agronomiques, à Paris.

JUILLET, Professeur à la Faculté de pharmacie de Montpellier.

JUMELLE, Professeur à la Faculté des sciences de Marseille, Correpondant de l'Institut.

GORIS, Professeur agrégé à la Faculté de pharmacie de Paris.

GUÉRIN, Professeur à l'Institut national agronomique.

LAURIER, Président de l'Association générale des herboristes de France.

MARTIN (H.), Président honoraire de l'Association générale des syndicats pharmaceutiques.

MOREAU-DEFARGE, Président du Conseil d'administration de la Coopération pharmaceutique de Melun.

NUSS, Ingénieur agronome, Rédacteur en chef de l'*Agriculture nouvelle.*

POHER, Directeur des Services Commerciaux à la Compagnie P.-O.

POIRAULT, Directeur du Jardin d'introduction d'Antibes.

DE POUMEYROL, Herboristerie en gros, à Lyon.

RAYBAUD, Inspecteur principal adjoint à la Compagnie P.-L.-M.

DE RICQLÈS, Distillateur et Fabricant d'huiles essentielles, à Saint-Ouen (Seine).

RIPERT, Droguiste, à Marseille.

ROCHÉ, Directeur aux Etablissements Poulenc, Vice Président de l'Union des industries chimiques.

SOSSLER, Droguiste, à Paris.

THIRIET, Droguiste, à Nancy.

J. DE VILMORIN, Membre de l'Académie d'agriculture.

Publications des Comités régionaux des Plantes Médicinales et à Essences subventionnées par l'Office.

1° **Les Plantes médicinales de la région Mayenne-Sarthe,** par MM. E. Labbé et A. Gentil. Prix : **2** fr. »

2° **Notice sur la Récolte et la Culture des Plantes médicinales et à Essences en Provence** (Comité de Marseille)........ Prix : **2** fr. **50**

3° **Les Plantes médicinales de Tunisie.** par MM. le Dr Cuénod, L. Guillochon et L. Luciani (épuisé).

4° **Les Plantes médicinales dans le département de l'Aveyron,** par MM. Benezech et C. Toulouse (épuisé).

5° **Notice sur les Plantes médicinales et à Essences de l'Hérault,** par MM. A. Juillet et J. Rodie (épuisé).

6° **Les Plantes médicinales dans le département de l'Aude,** par MM. Marty et L. Sarcos (épuisé).

7° **Les Plantes médicinales dans le département du Gard** (épuisé).

8° **Les Plantes thérapeutiques du Puy-de-Dôme,** par MM. Huguet et Perrin. Prix : **2** fr. »

9° **Les Plantes médicinales des Pyrénées-Orientales,** par M. A. Juillet (épuisé).

10° **Les principales Plantes médicinales du Massif central,** par MM. Huguet, Perrin et Garnaud........ Prix : **2** fr. **50**

11° **Les Plantes médicinales en Alsace-Lorraine,** par M. P. Lavialle........ Prix : **2** fr. **50**

12° **Les Plantes médicinales des Hautes-Alpes**........ Prix : **1** fr. **50**

13° **Le Comité départemental de l'Aveyron aux ramasseurs de Plantes médicinales sauvages**........ Prix : **1** fr. »

14° **La Culture du Pyrèthre de Dalmatie,** par MM. A. Juillet et P. Rouchier (épuisé).

15° **Aux récolteurs des Plantes médécinales,** par le Sous-Comité départemental d'Eure-et-Loir........ Prix : **1** fr. »

16° **Les Plantes médicinales de Bretagne,** par L. Daniel........ Prix : **1** fr. »

17° **Répertoire des Plantes Médicinales de l'Afrique du Nord,** par le Comité régional d'Algérie........ Prix : **5** fr.

Autres travaux publiés sous les auspices de l'Office et du Comité interministériel.

1° **Le Comité interministériel des Plantes médicinales et des Plantes à essences** : son histoire, son but, ses moyens d'action (épuisé).

2° **Catalogue méthodique des Plantes officinales et des Drogues médicamenteuses,** dressé d'après les éditions de la Pharmacopée française, par MM. L. Bruntz et M. Jaloux. Prix : **5** fr. »

3° **Premier Congrès national de la culture des Plantes médicinales,** tenu à Angers, le 23 juillet 1919, par MM. Elbel et Poher........ Prix : **5** fr. »

4° **Rapport sur la culture des arbres à Quinquina,** par M. Philippe.

5° **Le Pyrèthre : culture, récolte, préparation,** par MM. A. Juillet et Ch. Pasquet (épuisé).

6° **Culture de la Marjolaine dans la région sfaxienne,** par M. P. Luciani (extrait du *Bulletin des Sciences pharmacologiques*).

7° **Le Rôle du Personnel enseignant dans la récolte des Plantes Médicinales sauvages,** par M. Toulouse........ Prix : **2** fr. »

8° **Le Savon-Pyrèthre** par MM. Juillet, Galavielle et Ancelin (épuisé)..

9° **Pyrèthre insecticide,** par MM. le Dr Ph. Bretin et Cl. Abrial (épuisé).

10° **Deuxième Congrès national de la Culture des Plantes médicinales,** tenu à Bourges, le 18 juin 1922, par MM. Blaque et Poher (épuisé).

11° **« Nos Plantes médicinales de France »** (fiches en couleurs comprenant 3 séries de chacune 8 fiches)........ Prix : la série, **1** fr. »

12° **Compte-rendu du troisième Congrès national de la culture des Plantes médicinales,** tenu à Lille, les 17-21 juillet 1923, par MM. G. Blaque et F. Morvillez........ Prix : **10** fr. »

13° **Faisons des Plantes Médicinales,** par M. Bertin........ Prix : **1** fr. »

14° **Compte-rendu du Quatrième Congrès National de la Culture des Plantes médicinales** (30 Mai-7 Juin 1924), par M. G. Blaque........ Prix : **10** fr.

Publications de l'Office National des Matières Premières végétales pour la Droguerie, la Distillerie, la Pharmacie et la Partumerie.

Notice n° 1. — **La Lavande**, par M. H. HUMBERT.. Prix : **2** fr. **50**

— n° 2. — **L'Hydrastis canadensis L.**, par Em. PERROT et Mme V. GATIN. . Prix : **2** fr. **50**

— n° 3. — **Sur la culture de la Rose et du Jasmin et de quelques autres plantes à essences dans le Midi de la France**, par MM. DANIEL et MEUNISSIER... Prix : **1** fr. »

— n° 4. — **Le Camphrier et ses produits**, par Em. PERROT et Mme V. GATIN. Prix : **5** fr. »

— n° 5. — **La Gomme arabique, le Séné et quelques autres produits végétaux du Soudan anglo-égyptien** (Rapport de la Mission PERROT-ALLAND, février-mars 1920). 1 fascicule de 72 p. avec carte et 16 pl. hors texte. (épuisé).

— n° 6. — **Les efforts de l'Etranger pour la production des drogues végétales indigènes ou cultivées**, par Em. PERROT et G. BLAQUE.................. Prix : **4** fr. »

— n° 7. — **Une Mission d'études sur la Lavande et son industrie dans le Sud-Est de la France**, suivi d'un Rapport sur la Lavande, l'Aspic et leurs hybrides, par M. H. HUMBERT.. Prix : **8** fr. »

— n° 8. — **Matière médicale indigène de l'Afrique du Nord**, par J. BOUQUET (épuisé).

— n° 9. — **Compte-rendu de la Commission d'études de la Lavande**, réunie au Ministère du Commerce, le 11 mai 1921.. (épuisé).

— n° 10. — **Sur les Productions végétales du Maroc, la Constitution du sol marocain et les influences climatologiques**, par MM. Em. PERROT et L. GENTIL. Prix : **25** fr. »

— n° 11. — **Les Menthes cultivées**.. (épuisé)

— n° 12. — **Sur la variation et le rôle des alcaloïdes de la Belladone.** par J. RIPERT.. Prix : **10** fr. »

— n° 13. — **Les Plantes à Thymol**, par G. BLAQUE........................ Prix : **10** fr. »

— n° 14. — **Le Thé**, par Em. PERROT.. Prix : **6** fr. »

— n° 15. — **Sur la production des Plantes médicinales et des Plantes aromatiques en Afrique du nord**, par Em. PERROT........................ Prix : **2** fr. **50**

— n° 16. — **Le Pyrèthre insecticide de Dalmatie**, par A. JUILLET........... Prix : **12** fr. »

— n° 17. — **Sur la Culture, en France, du Black-Mint de Mitcham**, par J. RIPERT, Prix : **3** fr. »

n° 18 — **La Culture des Plantes à parfum dans le Midi de la France**, par M R CERIGHELLI.. Prix : **5** fr. »

— n° 19. — **Essais de culture en Tunisie du Frêne, à Manne**, par P. LUCIANI Prix : **3** fr. »

— n° 20. — **Essai de destruction du Pou de corps ou de vêtements par les émulsions savonneuses d'sléo-résine de pyrèthre de Dalmatie**, par A. JUILLET et H. DIACONO.. Prix : **3** fr. »

www.ingramcontent.com/pod-product-compliance
Lightning Source LLC
LaVergne TN
LVHW052023160826
845678LV00003B/1184